ANTICITERA

Marlon Francisco

Anticitera

.SP·
SERIE PERIFERIA

Marlon Francisco. (2020). *Anticitera.*
Serie Periferia: Guatemala.
44 páginas

Literatura guatemalteca
Poesía guatemalteca
Colección «Caudales»

ISBN: 978-99939-0-186-0

Selección, edición y revisión al cuidado de Luis Pedro Villagrán Ruiz
Diagramación: Luis Pedro Villagrán Ruiz
Diseño de portada: Luis Pedro Villagrán Ruiz

Prólogo

Anticitera es lo que arde, como mecanismo para predecir los movimientos astronómicos, en los ojos de un poeta como Marlon Francisco. *Anticitera* puede ser también naufragio de la raíz perdida de las Pléyades en el más dentado de los erotismos, y de igual forma, una isla a donde ir a parar es posible luego de las contracciones que provoca vivir con el iris de fuera (colgando de la plasticidad de un corazón que crece como antípoda red predadora de las imágenes y el dolor; el amor).

Y es que aquí, en este libro casa, íntimo hasta el filamento más cristalino que conforma al tuétano, hay desgarre y reconfiguración todo el tiempo (una sinuosidad que respira -como respuesta- al otro lado de los ojos de quien se acerca a esta potente y hermosa poesía).

Marlon Francisco decanta con esquirlas que punzan, lo que no puede explicarse más que desde la contemplación, de todo lo que sucede en el alud que significa vivir y morir a cada respiro.

Lo hace con maestría y con filo. Lo hace como un proyectil para quebrar almas. Esto es la poesía, una hermosa forma de contar lo que dentro hierve, y lo que afuera saca vapor y vaho para los ojos que sangran todas las lluvias del planeta en una sola cascada -comprimida- en el revés de una flor recién abierta; lágrima y trueno, calor y medida, clepsidra y tiempo, ida y vuelta atragantada.

Anticitera es la palabra desnuda, tras el fuego y lo calcinado, y también la que arropa, en el vértice más prístino de una fragilidad y una vulnerabilidad que nos incluye como un himno que solamente cantamos en silencio, desde el filo de todas las fracturas; donde hay agua fresca para beberse y morirse en el asombro de los días que son deseo e incendio en una sola llama.

Paolo Guinea Ovalle
Ciudad de Guatemala
23 de octubre de 2020

Reloj

I

A los diez días
como gazapo
abrí los ojos

una correntada de ilusión
azuzó mis extremidades

pude caminar
torpe
y sin rumbo

Todo lo que mordí
me supo nuevo

pero el mundo me aventajaba por mucho

el nuevo era yo

II

Nada me han enseñado los años
solo estragos han hecho
me arrancan vivos
            los pedazos
            más amados

Sigo inconforme y displicente
                        como siempre

escapando de las «buenas costumbres»
                        la sensatez
como gata permanentemente en celo

Arden mis entrañas como flores iridiscentes
                grito con las manos
                            los ojos

                    la piel

Donde parece que han triunfado las décadas
                                los silencios
                                los achaques

se fractura el suelo
y brota de nuevo

irrevocable
la ternura

III

La vida
es lo que le pasa a la flor
        cuando decae

Pierde los colores
el aroma desvanece
y en su agonía
se vuelve el alimento de las próximas generaciones

su indetenible transformación
es vida

Para ella

        Para todos

Zodiaco

I

Los jóvenes dormidos
los viejos insomnes

El mundo
no ha sido más que un puñado de trigo

ovillo de lana y sal

Todo lo demás
son quimeras
nuestra aspiración a ser inmortales

fantasmas que nos han hablado
renos gigantes pintados en las cuevas

los santos ritos de los templos

el inherente temor a lo oscuro
que nos habita | en que habitamos

Todo lo demás
lo que no somos nosotros
es lo que soñamos nosotros

II

Qué poco ceremoniosa es la muerte

lo traga todo
sin consideraciones

como espiral te ronda

Apenas ocurre tu alumbramiento
da la bienvenida

Vida-Muerte
unidas por el corazón

te acompaña
siempre un paso atrás

en cada paso

Justa y sincera sin duda
a nadie deja en el camino

por todos espera

— y a todos visita —

III

La Pena viene con alas negras
y las medias roídas
            hambrienta

con lágrimas

infestada de oscuridades
            menesterosa

            nadie quiere recibirla en casa

por eso reímos en voz alta
y hacemos bulla
para espantarla

            que se vaya
            a donde sí la merezcan

Creemos que nunca vendrá
que extravió el sentido

o que nos ha perdonado

y no dejamos de reír
de subir el volumen a la tele
de somatar puertas

nos da miedo que al callar
se escuchen afuera
            sus pasos agónicos

Brújula

Vamos a ponerle un cascabel a la Esperanza
para ver a dónde va cada vez que se aleja

Para seguirla aunque sea unas cuadras
unos metros más adelante de esta angustia

aunque no se deje alcanzar
aunque de plano ya no quiera vivir con nosotros

vamos a correr quebrándonos la cara tras la Esperanza

sin mirar atrás

si ella huye también nosotros deberíamos

deberíamos tomar lección de su corazón de golondrina
y hacia recintos más verdes y cálidos

«migrar»

Ephebos

Jasón

No siempre fuiste un bronce desnudo
eternamente pubescente

hubo una piel
sebácea
irregular
sudorosa

los ronquidos estentóreos al cobijo de las Pléyades

suciedad bajo las uñas
callosidad en las tiernas manos

se te vio fuera del barco

dejaste de ser un muchacho
las dentelladas del destino hirieron tu carne perfecta

conociste en mi boca el desasosiego de los hombres

frente al abismo se apagaron
los halcones en llamas
que iluminaban tus pupilas

Solo en el lecho

- mi amante de entre todos los amantes -

y en la mano del artista
tu esplendor
permaneció intacto

Uno por añoranza

el otro por desear
un coito perpetuo

con el hombre perfecto

Anquises

Los días caminaron en silencio y las noches
se extraviaron en parajes nuevos y cristalinos

se hizo el fuego en la entrepierna de los hombres y el mazo
cayó sobre la cabeza de tiranos usureros

toda lozanía fue

se marchitó

y volvió a ser

Estiras plácidamente cada miembro y un bostezo
estremece mis pezones

- frutillas idílicas para tus labios -

La oruga aún se embriaga
de la fruta fermentada

tu sexo susurra palabras blancas sobre mí

Juego una noche más con tu cuerpo
con los humedales y pozos donde me abrevas
con la espesura selvática de tu lanugo

Cuando las alas insectiles estén listas
te marcharás, marinero

y esta cama será un océano de recuerdos

Æneas

No habrás de cubrir tu miembro en mi presencia

¿Quién te ha dicho que tu cuerpo
es susceptible a la culpa y la vergüenza?

Debes caminar desnudo
y poseerme

broncíneo dios de cebada apenas madura

Camina erguido y empalmado

- orgulloso -

Y vuelve a mi lado
acerca tu cuerpo sedoso a mis labios

quiero respirarte y comerte

damasco jugoso cubierto de pelusilla

voy a hilar mis dedos
no para ocultar tu desnudez
sino para gozarla

voy a nombrarte primer almirante de mis pechos
hoguera de fina mirra oriental

Te esperan los barcos
las glorias famosas de los hombres

- que aguarden un poco más -

tu falo está listo para un nuevo encuentro

Ascanio

Tu eyaculación me entristece
                    – un orgasmo menos por vivir –
te quiero mío
cada gota y cada palmo
todo lo que no me das se arjeña
todo lo que te quedas se desperdicia
y cada una de mis fauces
te espera
te anhela como lluvia en el cultivar
te quiero como la noche que avanza
gradual e implacable sobre el cielo
apodérate del mundo
Rey del Falo Enhiesto y Rosáceo
embebido de sangre y carne firme
tómame soy tu corregente sediento
soy la complacencia y el desvelo
el pálido aleteo de unas flores
a la espera de ser polinizadas
acá no hay faena de guerra
tu soldado puede reposar entre mis labios
abreva tus huestes
hombre desnudo y erecto

tu reino sí es de este mundo

tu morada camina sobre mis piernas

A todos mis Ephebos

Quizás esto sea lo último que te digo:

hace mucho me entregué a la mar y a la deriva

El mundo
es un concepto insólito
desde nuestros extremos opuestos de la mesa
todo es nuevo o viejo según dónde te agarre la tormenta

o con quién la pases

Nunca pretendí enseñarte a vivir
ni tomar nada que no me fuera lícito
y aún así
al irme no te quedas intacto

Castillos de arena y recuerdos se mojan

y caen

te dejo intranquilo y molesto
como si no supieras que volar es mi segunda afición

– la primera siempre fue tu cuerpo -

se te olvida muy pronto nuestro acuerdo previo
tallado en sal de roca
en piedra obsidiana
cincelado en cada beso que di a tu sexo

No se ofrece lo que no se tiene
y lo eterno
nunca lo he poseído por más que intento
te he dado el par de suspiros que me competen
el par de noches en que
– hambrienta –
llegué a tu cama
te di una vida de orgasmos y viandas dulces

pero no todas las vidas duran lo mismo

Cuando tu sien se despeje de la tormenta
peregrinarás a nuestros lugares consabidos

revolverás un puñado de cenizas
ese lecho incendiado

– nuestro recuerdo –

te sabrá tan lejano

como sueño de náufrago
como beso de despecho

No maldigas mi recuerdo
no sea que encalle nuevamente
tu vientre blando y peludo
en otra sirénida playa.

Derrotas

I

Aún hay formas que no discierno
magnitudes que no alcanzo a vislumbrar
la pequeñez humana me entrampa

y caigo
repetidamente

caigo en la retórica
de mi propia conveniencia

nada me es propio

ni { el fugaz deleite de esta vida a medias
las personas amadas
los objetos deseados
la voz con la que canto }

todo
absolutamente
ha sido pasajero

Derrota final

Desde muy pequeños
hemos sentido la necesidad de faenarnos
de estrellar las astas para foguearlas

y terminamos contra muros
                    o árboles
                    - en callejones sin salida -
reventados del cerviz
sangrando sobre tierra seca

no desconoce la frustración el viajante

eventualmente
el soñador y el cínico verán marchitarse sus desvelos

Todos seremos el banquete falaz de alguien

a veces
también nosotros devoramos inclementes

la vida muchas veces
es quedarse callado
viendo cómo se nos incendian los navíos

Esa no es la derrota

triste es no hacer

nunca haber dejado la orilla

No llegar
porque nunca se intentó ir

Desligamientos

I

Una ventana hacia la calle
es el confesor de quien aguarda y enumera

días
            voces
                        rituales

pies descalzos | dedos fulgurantes

todo lo puede enumerar el que espera

Su memoria es la ceniza de hogueras de carne
del polvillo que enluta
solo ciertas habitaciones de la casa

El que espera se enrosca para pasar el frío
las alas se le vuelven quebradizas

pegar la nariz contra el vidrio
es un vicio

            un intento de matar el aburrimiento

II

Hay una solidaridad intrínseca entre los mutilados

un dolor inconfesable
asoma por los ojos en un descuido
y los hermana

En sus rostros
habla la fiera cautiva
que se liberó de la trampa
y dejó tras de sí

el miedo

El desligamiento
es más que retórica para ellos

saben que para avanzar hay que separarse
abandonar lo que entorpece
y su cuerpo en estoico silencio

asiente

Caminar por el mundo
- sobrevivientes
de una guerra librada -

en cada paso

Miembro fantasma

Todas las memorias están ahí. Se despliegan como el pergamino de la noche sobre mis ojos. Recordar pieles que no duermen, el polvo levantado en la prisa de cada mañana; delicias cocinadas entre charla profunda, consejos y felicidad incontenible. Volver a jugar con el fiel cachorro y la pandilla de amigos sonrientes.

Las muchas buenas noches. Los pocos malos días.

Sobre toda oscuridad amanece nuevamente.

Todo está justo donde lo dejé. Despierto y todo está aquí, al alcance de mi mano, a un beso de distancia, como si solo bastara la alegría para conjurarlo.

Pero no está.

Solo se siente como si estuviera.

La memoria es tan persistente que te hace esperar a quien no vuelve, te hace escuchar lo que ya ha callado. Aún sabiendo la verdad del pasado, habiendo medido las distancias y los días. Aún habiendo guardado la bitácora del dolor, te engaña para que creas, porque ella cree.

Recordar no es volver a vivir.
Recordar es la estratagema del ave cautiva.

Naufragio

Aún no puedo escribir sobre el naufragio

el día exacto en que se desbarató la esperanza
el cuerpo
el tizón humeante en la garganta

el momento en que los pies tocaron la ceniza
y los fragmentos caminaron por sí solos
irrecuperables
autónomos

        foráneos

Aún me faltan piezas
        siempre faltarán
        - me abandonaron totalmente -

la mar océana no perdona a los caídos

engulle mucho y rara vez devuelve

No puedo hablar del infinito desaliento
de las cicatrices que cubren mis sonrisas

Camino
y no entiendo cómo

camino mucho
pero nunca llego

Made in the USA
Monee, IL
22 June 2026

55535788R00026